STEAM

中的

传统文化

科学的巧妙融合

跨学科学习

桑蚕坊

郝京华　王伟群　主编

化学工业出版社

·北　京·

图书在版编目（CIP）数据

传统文化中的STEAM. 桑蚕坊 / 郝京华, 王伟群主编.
北京：化学工业出版社, 2024.9. --ISBN 978-7-122
-45816-2

Ⅰ. Z228.2；K203-49

中国国家版本馆CIP数据核字第2024GX5290号

责任编辑：郑叶琳
责任校对：赵懿桐
书籍设计：尹琳琳

出版发行：化学工业出版社
　　　　　（北京市东城区青年湖南街13号 邮政编码100011）
印　　装：盛大（天津）印刷有限公司
710mm×1000mm　1/16　印张6$\frac{1}{4}$　字数　64千字
2024年9月北京第1版第1次印刷

购书咨询：010-64518888
售后服务：010-64518899
网　　址：http://www.cip.com.cn
凡购买本书，如有缺损质量问题，本社销售中心负责调换。

定　　价：28.00元

编写人员名单

主编：郝京华　王伟群

副主编：叶　枫　方锦强

执行副主编：朱玉芳

编写人员：朱玉芳　郑小坚

丛书序

你一定知道中国古代有造纸术、印刷术、火药、指南针四大发明，它们对人类的文明发展起过非常重要的作用。但你知道吗，中国古代伟大的发明远不止这几项。我们还有长江流域河姆渡文化给我们留下的七千多年前的稻作农业文明，还有黄河流域仰韶文化给我们留下的五千多年前绚烂的彩色陶器，还有中原殷商文化给我们留下的三千多年前青铜冶炼技术……除了这些，我们的祖先在农学、医学、天文、历法、数学、运筹学、工艺学、水利学、灾害学等领域也都取得过卓越的成就，为世界提供了丝绸、瓷器、茶叶等凝结着中华民族心智和汗水的技术产品，也给地球留下了雄伟的万里长城、绵延千里的大运河、无数雄伟壮丽的宫殿、巧夺天工的桥梁、诗意盎然的园林……

悠久的历史，积淀了深厚的中华文化；中国古代的科技发明犹如璀璨的明珠，在历史发展中熠熠生辉。

《传统文化中的STEAM》选取了若干与古代科技有密切关系的物化的传统文化项目，包括《书印坊》《玩具坊》《染料坊》《兵器坊》《造船坊》《酿造坊》《烧造坊》《古建坊》《计量坊》《桑蚕坊》《农具坊》等等。

每册书包括4～8个主题，每一个主题包括四个内容版块，即探文化之源、践古人之行、析科技内涵、观后续发展。

　　探文化之源主要介绍该科技用品的结构、用法、历史及对社会、经济、文化等方面的影响。践古人之行提供了动手做的器材和步骤，编者希望小读者在过DIY（自己动手做）瘾的同时，能更深层次地领略古人的智慧。析科技内涵重点在解析这些科技用品中蕴含的科学原理。中华先民当时是凭经验做出这些科技用品的，可能并不清楚其中的科学原理，析科技内涵这一部分可以为我们解密。观后续发展交代的是该科技用品现在的命运：它们中有的还在沿用，如风筝、都江堰；有的则进了博物馆，如陶器、雕版。无论如何，龙的传人都应该铭记我们先民曾经有过的辉煌。

　　中华优秀传统文化是"中华民族的基因"，是"民族文化血脉"，是"民族精神命脉"。多了解一些中国优秀传统文化及其蕴含的科学，你一定会为我们先人的智慧折服，你也一定能更好地理解上下五千年中华民族生生不息、屹立世界东方的道理。中华优秀传统文化是我们民族自信的水之源，木之本。少年强则国强，希望你通过对传统文化的STEAM学习，吸收文化养分，激发创造潜能，提高民族自信。未来是你们的！

前言

　　中国是世界桑蚕丝绸文明的发源地。华夏先民在六千年前左右开始栽桑养蚕。中国是最早驯养野蚕、缫丝织绸的国家，创造了早期的丝绸文明，孕育了丰富的丝绸文化。丝绸、刺绣文化源远流长，数千年来以独特的风格，为中华文化增添了绚丽色彩，成为中华文明的重要部分。中国的桑蚕丝绸文化的进步，对我国的政治、经济、文化的繁荣，人民生活水平的提高起了十分重要的作用。并且，公元前1世纪开始，中国绚丽的丝绸又通过"丝绸之路"逐步传播到亚、欧、非各地，对世界文明作出了卓越的贡献。

　　目前，我国蚕桑丝绸（或刺绣）文化的研究成果较多，主要集中于其文化发展的历史沿革或科学技术文化史的研究，偶有科技文化的内涵挖掘，但含量有限或不足。为弘扬中华优秀传统文化，使青少年儿童更好地认识中国桑蚕丝绸文化，激发他们对我国丝绸科技文化的热爱，培养文化自信，让优秀传统文化陪伴青少年健康成长，更重要的是让他们模仿先辈，亲身体验感受我国的桑、茧、丝、绸（或刺绣）生产过程的精髓，培养国民从事科技研究的热情和志趣，我们充分利用STEAM（科学Science，技术Technology，工程Engineering，艺术Art，数学Mathematics）教育作为重实践、跨学科的新教育理念和模式，编写了《传统文化中的STEAM——桑蚕坊》科普读物。

　　织绸和刺绣的原料是蚕丝，蚕丝由蚕茧缫丝纺制而成，而蚕茧是养蚕的产物，养蚕又依靠种桑来完成。因此，本书也是以这些连续环节构成的完整生产链为主线，设置了相应的神奇桑蚕丝之"根"——种桑、神奇桑蚕丝之"源"——养蚕、神奇桑蚕丝之"本"——缫丝、神奇桑蚕丝之

"用"——刺绣四大主题。每一主题的框架体例均设立了"探文化之源""践古人之行""析科技内涵""观后续发展"四大版块。四大主题能让青少年儿童全面了解中华民族桑蚕丝绣文化流长的历史渊源，也能模仿古人体验种桑、养蚕、缫丝、刺绣活动过程，亦能分析和理解实践活动蕴含的科技含义和原理，更能认识蚕桑丝绣的科技应用和研究前景，并由此产生学习科学和技术的浓厚兴趣和好奇心。

本书编著者朱玉芳依据《传统文化中STEAM》丛书框架结构拟定提纲，撰写了全书四分之三的内容，并完成全书的统稿和定稿。具体的分工如下：种桑、养蚕、刺绣三大主题由朱玉芳撰写；缫丝主题由郑小坚撰写。

江苏省苏州浒关蚕种场汪宏其高级农艺师、苏州大学基础医学与生物科学学院的许丁军老师在种桑、养蚕实践环节中，给予了极大的帮助。苏州丝绸博物馆王晨书记、朱艳老师在刺绣练习训练环节提供了诸多方便。苏州大学许雅香老师提供了多幅图片，苏州大学艺术学院视觉传达专业的张黔同学、产品设计专业的廖欣怡同学在绘图方面提供了大量的帮助。这些均对我们的工作给予了大力支持，大家的共同努力为本书的完成奠定了基础。

在本书即将出版之际，谨向以上人员致以诚挚的感谢和敬意！

朱玉芳

郑小坚

2023 年 10 月 8 日

目录

种桑

神奇桑蚕丝之「根」

你吃过桑葚（椹）这一人间美味吗？感受到品尝桑果汁浓似蜜、香甜可口时的那份快乐吗？

你领略过蚕宝宝那张锋利的大嘴巴急速蚕食桑叶的神奇吗？体会过听见蚕宝宝吃桑叶时的美妙声音的喜悦吗？

你有过为蚕宝宝四处寻找桑叶的苦恼吗？

桑树成为家喻户晓的植物，是因为桑树是华丽丝绸的源头。蚕宝宝取食桑叶后吐丝做成的丝织品，数千年前就曾经作为"金羊毛"载入希腊神话。

桑树现在成为妇孺皆知的树木，还有一个原因是，小学科学课程中动物的生活史学习中要求学生饲养蚕宝宝做图文观察记录。

你知道"桑"的来龙去脉吗？

汉代许慎的《说文解字》中"桑"直接就被解释成蚕所食叶木。从叒木。认为"桑"字中三个"又"字重叠在一起为"叒"，读ruò，像桑树叶子重叠的形状，下面的"木"字表示树木。亦有人认为，三个"又"字意示许多手在采摘桑叶。因古代"又"字表示手，意思是桑叶必须用手去摘，桑树叶可以养蚕。

当今普遍认为，"桑"字是象形字，甲骨文中，"桑"像长着巴掌似的大叶的桑树形状，上面的三个"又"都是树叶，下面一个"木"字，是树干。植桑养蚕从先秦起就成为广大劳动人民的日常工作。

古代传说中，桑是指太阳在东方洗澡的那个汤谷中的神树，叫叒木、榑桑，也叫扶桑。太阳洗浴中心的那颗神木究竟是否为树，无法考证，但至少说桑树在古人心目中具有崇高地位。

甲骨文中的"桑"

武氏祠画像砖上的扶桑树

是"桑葚"还是"桑椹"呢?

桑之果实即所谓的桑葚,植物学中相对偏爱将其写成"桑椹",但其实"葚"字出现得更早,其本意就是桑树的果实。《现代汉语字典》里,桑葚和桑椹的写法都有,不影响人们对它的认识。

让我们一起歌唱桑树吧

你肯定能背诵歌咏"春蚕"牺牲自己造福人类的高尚品格和情操的诗句。但你是否想过要赞美桑树呢?

桑树是春蚕的奶娘,桑叶是春蚕吮食的乳汁。

桑树看似平凡,其貌不扬,而长相宽厚,绿叶灰枝,朴实而不花枝招展,不垂枝献媚,自甘牺牲,饲育蚕宝,丝织绫罗,本质高尚。古人也十分推崇慷慨地用自己青青的嫩叶养育春蚕的桑树。如用"一年两度伐枝柯,万木丛中苦最多。为国为民皆丝汝,却教桃李听笙歌"。(解缙《桑》)赞其无私奉献,默默付出的精神。

你知道为何"桑梓"指代故乡吗？

中国古代人民有在房前屋后栽种桑树和梓树的传统，《诗经·小雅》中也有诗句"维桑与梓，必恭敬止"，直观形象地描述了我们的古人在见到前人栽种的桑树与梓树，即生崇敬和思念之情，怀念自己的父母亲人。正因如此，常把"桑梓"指代故土、家乡。

你读过有关"吴楚争桑"的趣味历史吗？

这一历史典故描述了由争夺一棵桑树引起的战争。据《史记》记载，在公元前518年吴楚两国因争夺边界桑地而发生了大规模的"争桑之战"，可见与蚕桑养殖紧密相关的丝绸生产已经成为当时两国经济的重要内容。

吴、楚两国边境交界处长着一棵巨大的桑树。两国的两个女子，为争夺采摘桑叶之事首先开始发生争吵。之后，两采桑女家人发怒，互相仇杀。

桑女争夺桑叶图

桑树

接着，边城的两国长官听闻两家争斗的消息，分别带兵来援，然后楚国军队攻破吴国边城。吴王得知此信息后想趁机攻打楚国，便出兵占领了楚国两座城池才罢兵。

"吴楚争桑"的由来

历史上著名的争桑之战，本来是两个村民间的冲突，最终发展成为两个国家之间的斗争，这也反映出了我国春秋时期的民风刚直彪悍。

后世常用"吴楚争桑"比喻因民间争端而引起战祸。

那古人又是从何时开始种桑的呢？

何时开始人工栽培桑树，确切的时间年代虽无考证，但2000多年前的中国典籍《孟子》中就有"五亩之宅，树之以桑，五十者可以衣帛矣"的论述。

再者，吴楚"争桑之战"的著名历史典故充分表明，春秋吴国时吴地桑田茂盛，蚕业发达。可见，我国早在春秋战国时期已有桑树栽培。

北魏时期，贾思勰的《齐民要术》中已有实生苗与压条繁殖方法的详细描述，以及桑园间作的记载。可知1500多年前桑树栽培已成相当规模。

播种桑子（种子），培育实生苗的实播法或实生法，是一种古老的桑苗生产技术。虽然我国最早的农书汉代《氾胜之书》中只有实生直播法记载，但北魏贾思勰《齐民要术》中已有压条与无性繁殖的记述。

　　早在晋代，浙江桑苗已远销辽宁平州(384—407)；宋代已掌握嫁接技术(陈旉《农书》，1149)，当时桑树嫁接技术在湖州已被广泛应用。特别是1865年开始应用"袋接法"，大量培育与供应嫁接桑苗成为可能，这也被认为是近代桑树嫁接苗生产技术的大突破。明清以来，浙江省已成为我国商品桑苗生产主要基地，尤其海宁、桐乡(包括崇德)两县。

还为蚕宝宝饿肚子而到处找桑叶？有没有担心外面采回的桑叶带农药？想不想自己亲自动手栽种几棵"绿色"、安全的桑树？那就跟着我们一起，按照下面的步骤，来实现你的愿望。你可以既亲身体验古人植桑的过程，感悟先人的劳动智慧，又可为后续的养蚕得茧奠定基础。

1 获取桑苗

（1）野生小苗

我们经常能在路边绿化带中发现翠绿鲜嫩的小桑苗，如金边黄杨、云南黄馨（野迎春）、红叶石楠、圆柏、一枝黄花等植物周边及杂草丛中都可见到自然生长的桑苗。

（2）购买桑苗

我国叶用桑（主要用作喂养家蚕）种类较多，通过网购能快速获得各种桑苗。如湖桑32号（亦称荷叶白）、桑35号（浙江桐乡青）等等。

2 挖苗（起苗）

对于野外自然成苗或老桑周围天然形成的小苗（即实生苗），为移栽于盆、桶等容器中，移植至自家田地、院子中，则首先需挖出小苗，即挖苗，亦称起苗。

挖出的桑苗所带根系多少，影响栽植后的成活及生长。因此，挖苗应该在土壤疏松之际进行。一般3月底，待桑苗（品种为湖桑32号）开始发芽，土壤稍潮湿且松软时，可以找机会起苗。如果土壤过于干旱和板结，容易损伤根系，则应喷水润湿后再挖。挖苗时深度不少于20cm，尽量少伤根系。

挖出的苗木，要避免风吹日晒，用薄膜口袋保存，确保新鲜完好。

半径25cm

以桑苗为圆心，铲土挖出25cm半径的圆沟

用铁锹在沟壑中挖出桑苗

3 栽种流程

材料准备

桑苗（野外采得或购买）、熟土、花盆（直径大于25cm）、砻糠灰（稻谷壳烧焦）或草木灰（草本或木本植物燃烧）、复合肥(市售)

桑苗

熟土、花盆

砻糠灰

复合肥

种植步骤

砻糠灰倒入熟土

加水搅拌成混合物

混合物倒入花盆中

放入桑苗

添加混合物

按压混合物

将根部完全覆盖

根部一侧加入复合肥（少量）

复合肥加毕

添加混合物覆盖

按压混合物

按压完毕

浇水

完成

可以依据需求，按照同样方法和步骤，种植不同品种和数量的小桑树。

4

光照、供水

将栽种好的花盆等移至阳台或飘窗等光亮、通风处，看天气状况适当浇水，一般一周一次即可。

小桑树放置阳光下

5

出芽长叶

大约 15 天后，原出芽处长出二叶，并不断地出现新芽。

二叶　　　　　　　　二叶放大

18 天后，出现三叶　　　　21 天后，出现四叶

6

后期管理

① 经常观察是否出现杂草，及时摘除；

② 时常松土，防止板结；

③ 及时增肥，每隔半年左右施加复合肥或草木灰等；

④ 经常观察有无病虫害，及时处理。瞧，右图桑树上的长筒形昆虫是绵蚧虫，它吸食树体汁液，危害植物。处理方法：可以剪去虫枝，或使用高效低毒的菊酯类药剂喷洒。

夏、秋季按需要可适当修枝、剪枝。

若你家有块田地，可按此步骤直接种植与精细管理，小桑树生长效果肯定会更好。

想要让小桑苗苗壮成长，还需要掌握好一些要领：

① 挖苗时掌握好深度，不能太浅，否则容易伤及根系；

② 使用疏松、肥沃土基，增加肥力；

③ 通风透气，不宜过分浇水，以免烂根。

- 先民通过长期的经验选用桑叶喂养蚕宝宝，那你想过为何桑叶是最合适的？

　　首先，桑树生长速度较快，营养丰富，仅桑叶叶片中就有2000多种蛋白质，能满足蚕宝宝迅速生长发育之需。

　　其次，当桑树被野蚕蚕食时，桑树体内的蛋白酶可以转化为一种信号物质传递给野蚕的天敌，天敌迅速前来捕杀野蚕，保证蚕宝宝有充分的"粮食"供应。

　　更重要的是，2019年，我国科学家揭开蚕宝宝爱吃（专吃）桑叶的奥秘：发现了决定家蚕食性的主效基因，即一个苦味受体基因可以决定家蚕的桑叶专食性。

- 你知道为何人们经常能在路旁绿化带、草丛间或角落里看到绿油油的桑树幼苗吗？

　　原来，桑葚被鸟啄食后，种子随鸟粪携带到别处、或桑葚被人无意丢弃于它处、或桑果成熟后掉落于树周围，桑葚种子在合适的土壤环境中自然萌发长成了小桑苗。

小鸟取食美味的桑葚

其实，一串桑葚即一粒桑果，是由许多小浆果聚集而成的聚花果。人与鸟食用吸收的主要是肉质甜美多汁的花被，而用于繁殖的小浆果的种子，就随着食用者的粪便排出了。随粪便排出的桑树种子就地生根发芽就形成了小桑苗。

桑葚

· 那桑葚又是怎么来的呢？安能辨桑是雌雄？

与一般植物不同的是，桑树与银杏一样，是雌雄异株植物，雌株只开雌花，能结桑葚，雄株只开雄花，不结果。

桑树的雌花序（左）和雄花序（右）

这种发育是典型的精卵结合——有性繁殖。

由于受精作用，雌花花被叶片受到刺激，变成肥厚多肉的含有大量汁液物质。花序上所有雌花都产生1个单独的小浆果，许多单独小浆果合为桑葚。

由于浆果汁液中某些可溶性色素的变化，桑葚成熟过程通常由绿色而变为红色或紫色，某些桑种的果实呈乳白色，非常甜。

不同颜色的桑葚

幼苗期追施复合肥，主要是提供氮磷钾等元素，促进桑苗生长。

松土可清除杂草，保持土壤疏松，有利于土壤通气，促进根系对养分的吸收。

·再来看看，室内栽桑的优势：

减少工业废气、烟草、农药、重金属污染对人体的危害。

桑树全身是宝。桑叶养蚕，有人统计过，1000条蚕从出生到吐丝作茧，大约要吃下20公斤桑叶，才能吐半公斤蚕丝。

制弓：古人利用蒙桑、鸡桑树枝的韧性，制作良弓，在先秦时颇为流行。

造纸：由于桑树皮有很好的韧性，可作为制造纸张的原料。

酿酒：新鲜桑果可供食用，味甜如蜜，清香诱人，也可制作饮料和酿酒。

桑叶茶：以优质嫩桑叶为原料，具有口味甘醇、清香怡人等特性。桑叶内含有一种生物碱，而且含有丰富的γ氨基丁酸和植物醇，具有减肥、美容、降血糖等作用。

观赏、园林绿化：桑树树冠宽阔，树叶茂密，秋季叶色变黄，颇为美观，且能抗烟尘及有毒气体。桑树盆景也别有雅致。

桑树：蛋白质制造工厂

经过多年的不懈努力，2013年，中国的蚕桑科学家完成了桑树基因组测序，成功破解桑树基因，使蛋白质与桑树奇妙地联系在一起。桑树中含有3000多种蛋白质，而仅仅叶片中就有2000多种，并且含量远远高于大豆和苜蓿。

桑树为何拥有如此丰富的蛋白质呢？

这让桑树拥有比同类植物快3倍的生长速度，既是桑树抵抗干旱、寒冷的神秘本领，更是桑树抵御630多种敌人的秘密武器。

下面就来瞧瞧桑树蛋白质抵抗天敌的神奇吧！

桑叶中的蛋白质具有神奇力量，能将汁液中的蛋白质转化为防御武器，阻止野蚕继续进食。

更神奇的是，桑树还能利用蛋白质发起反击：

当野蚕疯狂蚕食桑叶，桑树能快速将汁液中的蛋白酶转化为传递信号的化学物质，将野蚕的位置通报给野蚕的天敌——鸟和马蜂，片刻，野蚕被它们以迅雷不及掩耳的速度消灭。

再瞧瞧，植物界，谁的弹粉速度最快？

研究人员计算过，桑树弹粉速度为每秒200米，相当于手枪子弹出膛的速度，是植物界的弹粉冠军。

桑树的喜讯又来啦！历时21年，我国科学家成功研制降血糖原创天然药物"桑枝总生物碱片"

2020年，我国相关领域专家以"废弃物"——桑枝为药材，经提取、分离、纯化而得桑枝总生物碱，无论单独使用还是用于二甲双胍（常规降糖药）控制不佳的联合治疗，都具有良好的降糖化血红蛋白效果，而且不良反应显著降低。这是桑树的又一妙用。

随着生物医学科学及技术的快速发展，桑树更多的科学知识将被揭示，其全身的应用价值也将被更多地挖掘出来。

让我们一起去探索桑树更多的奥秘吧！

养蚕

神奇桑蚕蚕丝之「源」

当你享用精美华贵的丝绸品之时，为华夏源远流长的丝绸文化而骄傲之际，品尝蚕蛹美味的时候，是否想过它们的来源？你可能知道它们与那肉嘟嘟、白乎乎的蚕宝宝有关。

那你知道"养蚕"的由来吗？

历来，种桑饲蚕的美丽传说很多，且均有史料记载。但勤劳朴实、沉稳内敛的中国劳动人民更愿意接受黄帝的妻子嫘祖作为养蚕业的开山始祖。

传说黄帝贤惠善良又貌美的妻子嫘祖发明创造了采桑养蚕。一次，嫘祖在野桑林里喝水，树上的野蚕茧落下掉入了水碗，待用树枝挑捞时挂出了蚕丝，而且连绵不断，愈抽愈长，嫘祖便用它来纺线织衣，并开始驯育野蚕。❶

---

❶ 嫘祖养蚕的传说有不同的版本，此处为其中广为流传的版本之一。

嫘祖被后世祀为先蚕娘娘，历朝历代都有王后嫔妃祭先蚕娘娘的仪式。在很多养蚕区都可以看到一些神庙和先蚕祠，供奉着"先蚕"嫘祖。

"先蚕"嫘祖像及简介

让我们来领略丰富多彩的养蚕风俗吧

每年农历正月初八，人们到蚕神庙、蚕神殿、嫘祖庙等地，烧香点蜡、挂红放炮，祭奠蚕神，祈求来年风调雨顺、六畜兴旺、人丁平安、蚕事顺遂，进而形成庙会。

此外，民间信仰相关的蚕俗很多。如除夕黄昏的"呼蚕花"，除夕夜的"点蚕花灯"；正月初一上午"困蚕花"、"关蚕花"；春节或清明前后的"扫蚕花地"，除夕或正月十五的"烧田蚕"等等。

吴地民间蚕桑的种种习俗

在养蚕时从孵蚁到结茧，蚕户家家要闭户，停止一切交往。孵蚁"窝种"时蚕娘必须少言寡语，孤眠净身，消除杂念。三四月为蚕月，"禁喧阗，忌亲朋来往"，谓之"蚕关门"。结茧以后，乡间邻里才开始恢复串门，称为"蚕开门"。

每年三月开春时节，养蚕前除了蚕室内要掸尘刷墙外，还有一要事，就是拜蚕神，要祈求神灵，保佑蚕事一切顺利，出茧丰收。

你知道"蚕"字的来龙去脉吗？

远古的黄帝时代，黄帝带兵去远征，妻子嫘祖农闲的时候，很喜欢在住宅旁桑树下看着一群孩子玩耍。一天，一片桑叶从树上落下，上面还伏着一条丑陋的虫。这对小孩子们来说已经是司空见惯了，嚷道"哦，又是天虫，丑陋的天虫。"当时，人们并不知道这就是蚕。因为从天的方向掉下来，就称之为"天虫"。

嫘祖建议给这个"天虫"起个名字，天和虫加在一起，念做"蚕"。

嫘祖和孩子们将蚕宝宝带回家饲养，于是就有了野蚕驯化、嫘祖研究蚕茧继而发明了纺纱与织绸、黄帝得胜回家看到华美绸缎的美丽传说！

再来看看"蚕"字的演变吧：

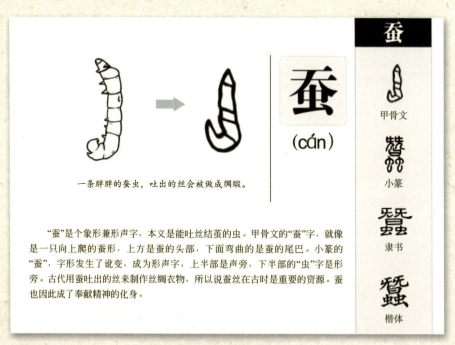

一条胖胖的蚕虫，吐出的丝会被做成绸缎。

蚕
(cán)

甲骨文

小篆

隶书

楷体

"蚕"是个象形兼形声字，本义是能吐丝结茧的虫。甲骨文的"蚕"字，就像是一只向上爬的蚕形，上方是蚕的头部，下面弯曲的是蚕的尾巴。小篆的"蚕"，字形发生了讹变，成为形声字，上半部是声旁，下半部的"虫"字是形旁。古代用蚕吐出的丝来制作丝绸衣物，所以说蚕丝在古时是重要的资源。蚕也因此成了奉献精神的化身。

"蚕"字的演变及释义

龙的原型是蚕，你信吗？

龙是中华文化的图腾，它的原型是什么？有诸多证据证实，是蚕。

1971年出土于内蒙古自治区翁牛特旗赛沁塔拉遗址的新石器时代红山文化玉龙，被考古界誉为"中华第一龙"，又名蜷体玉龙。显而易见，蜷体"C"形玉龙是开始吐丝结茧的蚕。

蚕宝宝如龙的神态

蚕吐丝过程好像龙在腾云驾雾：桑蚕吐出液体变成蚕丝，起初像一层薄云围绕在自己周围，然后云层不断加厚，包裹身体，直到将自己没入云端，这是腾云驾雾的源起。

"C"形玉龙

蚕吐丝成茧初期

蚕吐丝时，头部不断作"S"形摆动，民间舞龙正是模仿蚕吐丝这一动作。

农历二月二，为中国传统文化节日——龙抬头，是龙醒来的日子，也是蚕破卵而出的日子，五千年前的古代，黄河流域属于热带，桑蚕也起源于此，农历二月二的温度使桑蚕能孵化了。

那就让我们这些龙的传人一起来为蚕唱赞歌吧

你肯定能脱口而出："春蚕到死丝方尽，蜡炬成灰泪始干"，用来歌咏"春蚕"牺牲自己造福人类的高尚品格和情操。蚕，成为奉献精神的化身。

你想不想知道华美珍贵的丝绸背后，蚕宝宝付出了多少艰辛？

想不想领略下蚕宝宝成长、吐丝的神奇过程呢？

跟着我们一起，按照下面的步骤，就可以实现你的愿望。既亲身感受先辈养蚕的过程，也感悟古人的劳动智慧，又可为后续得茧缫丝奠定基础。

养蚕工具与材料

各品种蚕卵（蚕种）、鹅毛或毛笔、桑叶、蚕盒（带孔、透明）、蚕筷、塑料网簇或塑料筐或折叠纸板、一次性塑料杯、A4纸若干。

饲养过程

收蚁

① 将蚕卵（蚕种）保护在 25℃左右的温度中，如果天气干燥，可在蚕卵上洒些清水。

② 为了让小宝宝们同时出生，傍晚可将蚕种放入盒中并用黑布包裹，第二天打开黑布曝光即可。

③ 7～10 天后，小蚕宝宝从卵壳内钻出，像极了黑乎乎的蚂蚁，因此被称为蚁蚕（1 龄幼虫）。

④ 用毛笔或羽毛轻轻地把它刷到面巾纸上，这就是收蚁。

蚁蚕喂桑

一龄蚁蚕需用新鲜嫩叶（第三或第四叶）切成大约 0.5cm 宽的长条喂养。

在蚁蚕上均匀撒上嫩桑叶。盖上塑料盖，保护水分。同时要在盖子上戳些小孔。

每天喂食鲜嫩桑叶 2～3 次，约 3 天后，蚁蚕身体呈炒米色、发亮，开始人生第一次"绝食"（休眠）。不用担心，宝宝们是在养精蓄锐，完成首次隆重"换装"——蜕皮，之后便进入二龄。

注意喽：如要使小蚕宝宝吃饱吃好，桑叶要保持新鲜和干燥但不能干瘪，须切成碎片或条；更换桑叶时，不能用手直接抓取蚕宝宝，要用蚕筷轻轻夹取；及时清除蚕的"便便"和吃剩的残叶，保持小蚕"房间"的清洁；将蚕盒放在空气流通的地方，不能在养蚕的空间里喷洒杀虫剂（尤其是菊酯类）；另外，蚕宝宝眠时（睡着，休眠）不要喂，等它起了（醒了）再喂。

一龄休眠约1天。

二龄喂桑

当一龄蚕身体转灰黑色、头部转动寻找食物时，可以喂食，桑叶还须切碎。

二龄期大约3天，开始人生的第二次"换装"，休眠大约1天后进入三龄。

三龄喂桑

三龄蚕宝宝"醒"后喂的桑叶可以切得大些，或者不切。
三龄大约5天，第三次"绝食"约1.5天后，第三次"换装"后为四龄蚕宝宝。

四龄喂桑

继续给四龄蚕宝宝喂"饭"（桑叶），可以不用切碎。

四龄大约 6 天，第四次"绝食"约 1 天后，"换装"，之后为五龄蚕宝宝。

五龄喂桑

五龄大蚕"饭量"很大，蚕食桑叶 7 ~ 8 天，身体开始变为透明，绝食时，即是熟蚕。

上簇、吐丝、作茧

五龄熟蚕"酒足饭饱"后，会竭尽所能排尽肠道内的"便便"，为吐丝、结茧做准备。可在蚕盒内放些支撑的东西，或置于折叠硬纸片、簇网、网眼塑料筐中。

没日没夜地努力奋斗，吐丝2～4天后，一个个五颜六色的椭圆形的、圆筒形、束腰形的"小房子"（蚕茧）就完成了。

化蛹

待蚕茧变硬后，小心采下，并置于通风处。为保湿，可以在其附近放置湿毛巾或水碗。

吐完丝之后，春蚕并未死去，去哪了？

大约 13 ~ 14 天，蚕宝宝在这些舒适的"小房子"里蜕变化作了蚕蛹。

化蛾：蚕蛹羽化成家蚕蛾

成蛹 13 ~ 14 天后，一般在半夜或清晨，蚕蛾就破蛹而羽化出来了。

没有削茧，经过
2 个星期左右，
其自身也会自然
咬破茧壳羽化为
雌、雄家蚕蛾。

交配（交尾）

破茧而出的雌（腹部粗大）、雄（身体相对细小）家蚕蛾，须完成更重要的使命，即寻找伴侣，交配"生宝宝"。交配后雄蛾会死亡，雌蛾产卵之后也会死去。

产卵（生宝宝）

交尾几小时后，把雌性家蚕蛾置于干净的纸上，倒扣一个一次性茶杯，在杯子上戳一些小孔。第2天早晨，就可以看到几百颗蚕卵，蚕宝宝就完成了一个世代。这些新鲜的蚕卵呈金黄色，第二天即转色为棕褐色。

蚕卵被保护得好，第二年春天就可沿"父母"的老路，开始新的生命轮回。

想要让蚕宝宝健康成长，还需要掌握好一些要领：

① 湿度：桑叶冰箱冷藏保鲜；为保持养蚕环境的湿度，可在盒外盖一块湿布。

② 温度：蚕是变温动物，全龄保持在25~30℃。

③ 氧气：蚕生长发育与人一样需要氧气。小蚕期一般不会发生缺氧，大蚕期就不能太闷。

析

科技内涵

• 你知道为何"绣球花开蚕事忙"吗？

　　从古到今，养蚕是一个季节性很强的农事。一般，江浙一带，桑树长出4～5片桑叶时，就可把蚕卵取出做准备。勤劳智慧的祖先们，在长期实践中积累了丰富的经验，每看到屋前后美丽的绣球花开了，就知道该把蚕卵拿出来了。其实，通常绣球花开恰好是桑叶长出四五片叶的时候，绣球花树又被称作"指示植物"。

• 你知道为何会有"蚕娘净身""蚕关门"
　等传统养蚕习俗吗？

　　孵蚁"窝种"时，蚕娘孤眠净身，寡语，将蚕卵贴在胸前使其孵出。净身是防止蚕娘身体的病菌传染于幼小的蚕宝宝，以及保证蚁蚕在一定的温度中孵化。

　　"蚕关门"这一风俗，客观上保证蚕宝宝生长（尤其是休眠期间）需要安静的环境；也可防止各家蚕病的传染蔓延。

每年养蚕前掸尘刷墙，是清除蚕宝宝生长环境中的不利因素，保护幼弱蚕宝宝免受病毒、细菌、真菌、原虫、蝇蛆、螨、农药、重金属、烟草、氟化物等的侵袭。

· 收蚁前用黑布将蚕卵（种）包裹是怎么回事儿呢？

蚕宝宝因性别、温度等原因，发育总有偏差，黑暗保护能调节胚子发育的偏差，促进发育整齐，提高一日（同日）孵化率，以利于后续饲养。

· 为何要以切细的鲜嫩桑叶喂养小蚕宝宝呢？

这是因为，蚕宝宝的嘴巴（口器）是咀嚼式，与蝗虫专门用来吃粮食的锋利的大嘴巴一样。但一龄、二龄的小蚕宝宝嘴巴"牙齿"还不坚硬，未发育完全，还很娇嫩，不适应吃大片桑叶。

· 蚕一辈子"绝4次食"、"换4次装"、"吐丝造房子"、化蛾"生宝宝"，神奇在哪里？

蚕宝宝是桑蚕（家蚕）小时候的称呼，是取食桑叶专食性较强的吐丝昆虫，属无脊椎（无脊梁骨）动物，节肢动物门、昆虫纲、鳞翅目、蚕蛾科、蚕蛾属、桑蚕种。

一生经历卵、幼虫（蚕）、蛹、成虫（蛾）四个阶段，属于典型的完全变态昆虫。

蚕一生的四个发育阶段

实际上，是当中枢神经（如脑）受到外部或内部因子刺激（如温度、光照变化、肠壁膨胀），促使内分泌器官分泌保幼激素、蜕皮激素，协同完成蚕宝宝的一系列发育过程。

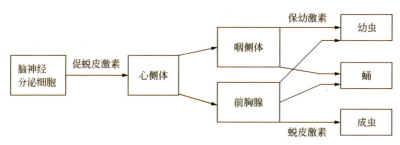

昆虫蜕皮的生理机制

· 吃进去桑叶，蚕丝从哪里来？

蚕宝宝吃桑叶，吐蚕丝，是蚕拥有"点石成金"本领的神奇之处。

其实，蚕宝宝不断取食桑叶，约30天后，身体增重了约一万倍，随着蚕体的成熟，体内能分泌蚕丝的器官——绢丝腺也成熟了。

绢丝腺由吐丝管、前中后部丝腺组成。多丝量蚕品种腺细胞数多，产丝量高。

在绢丝腺中，吃进的桑叶植物蛋白部分转化合成了蚕丝蛋白，主要是丝素和丝胶两种蛋白质组成蚕丝。在被吐出来之前，蚕丝会以液体形式贮存在绢丝腺中。

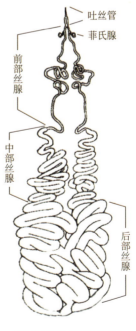

绢丝腺结构示意图

· 蚕丝又是如何吐出来的呢？

　　蚕儿成熟后，在蚕头摆动的牵引和丝腺腔内压力作用下，液状丝慢慢流向吐丝管，途中被丝胶包裹，再经口吐出，通过空气干燥形成纤维状的蚕丝。

上簇的蚕宝宝　　　　　　　蚕宝宝吐丝结茧

蚕砂：即蚕粪、蚕屎，常用于治疗风湿痹痛、头痛、皮肤瘙痒、腰腿冷痛、腹痛吐泻等症。

蚕砂枕：民间用蚕砂作枕芯的填充物，有清肝明目之效。

蚕蛹：蚕蛹中8种人体必需的氨基酸含量大约是猪肉的2倍、鸡蛋的4倍、牛奶的10倍，是一种优质昆虫蛋白质；用于治疗高胆固醇血症；蚕蛹中含一种广谱免疫物质，对癌症有特殊疗效。

蚕茧花：蚕茧可用于制作纯天然的蚕茧花工艺品，成为永不凋谢的花。

**你知道：双宫茧蚕丝被和
普通蚕丝被有什么区别？**

双宫茧就是一个蚕茧里住了2个蚕宝宝。双宫茧和双蛋黄一样，概率极低。双宫丝纵横交错，不易缫丝做面料，却是蚕丝被的最好原料。

双宫丝纵横交错的网状结构的好处：蚕丝被定型长久，更保暖；丝更粗，更长，弹性好，丰满度高，使用寿命长，不结板，蓬松度也是蚕丝被里面最好的。

为此，科学家们正在对家蚕研究，希望培育出结出双宫茧的家蚕品种。

揭开蚕宝宝爱吃桑叶的奥秘，去桑叶化养蚕成为可能

2019年，我国科学家揭开蚕宝宝爱吃（专吃）桑叶的奥秘：发现了决定家蚕食性的主效基因，即一个苦味受体基因可以决定家蚕的桑叶专食性。如果改变此基因，则蚕宝宝可以食用苹果、梨、玉米、大豆等，不依赖于桑叶的大规模养蚕就将变为现实。

蚕宝宝取食苹果

"蚕蛛丝"，可以让你像蜘蛛侠那样攀岩走壁

我们先看看蚕丝的组成和结构，由丝素纤维和被覆其表面丝胶蛋白（起胶黏作用）组成。

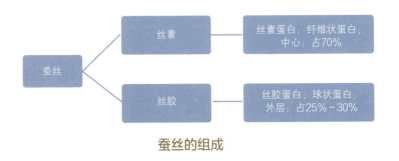

蚕丝的组成

横切面上，最中心是丝素纤维，向外是丝胶，最后是色素、蜡质等其他物质。就好比铅笔的横截面，一层包一层的结构。

因为蚕丝组成成分中80%以上都是蛋白质，所以，蚕丝的拉伸强度和弹性较高，接近钢丝。然而，自然条件下，蚕丝的刚度、强度和断裂伸长率均不如蜘蛛丝。

已知，蛛丝是强度最大的生物材料，其强度甚至高于制作防弹衣的凯夫拉纤维。

但遗憾的是，蜘蛛不能像蚕那样被大规模养殖，如何获取大量蛛丝纤维一直是难题。

为此，科学家利用转基因技术将蜘蛛基因转入家蚕体内，或用基因组编辑技术对家蚕基因组编辑，这样家蚕便可吐出具有超高韧性的蜘蛛丝，以实现蛛丝纤维的高效生产。

或许，将来有一天，你也能借助"蚕蛛丝"像蜘蛛侠那样攀岩走壁了。

随着生物、农业、工程、医学、仿生等科学及技术的快速发展，更多家蚕的内在科学知识将被揭示，其潜在的应用价值也将被挖掘出来。

让我们一起去探索家蚕更多的奥秘吧！

缲丝

神奇桑蚕丝之「本」

大家对丝绸一定不陌生吧，那轻柔光亮、色彩绚丽的中国丝绸，魅力无穷，惊艳世界。

我国是世界丝绸的发源地，是最早驯养野蚕、缫丝织绸的国家。在漫长的社会历史中，丝绸逐渐形成了独具特色的蚕丝绸文化，而缫丝是获得蚕丝的必要手段，成为了农耕文化的重要组成部分。

探
文化之源

煮茧

缫丝

葛布（草鞋山遗址）

蚕丝平纹织物（钱山漾遗址）

苏州唯亭草鞋山遗址出土了六千年前的纺织品实物残片；吴兴钱山漾出土了四千七百年前的丝织品实物；吴江梅堰又出土了四千年前的大批纺轮和骨针，以及带有丝绞纹和蚕纹的陶，这些遗址及文物见证着丝绸历史的悠久。

明万历皇帝十二章缂丝衮服

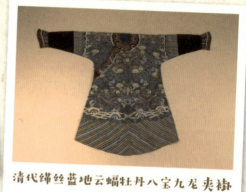

清代缂丝蓝地云蝠牡丹八宝九龙夹褂

你知道中国先民养蚕制丝历史究竟有多长吗？

中国科技大学最新考古发现，河南贾湖史前遗址出土了编织工具和骨针，并在墓葬人遗骸腹部的土壤样品中检测到了蚕丝蛋白的残留物。科学家分析认为，8500年前的河南贾湖先民已能利用蚕丝纤维制作丝绸。由此证实了中国是首个发现蚕丝和利用蚕丝的国家，中国以及世界丝绸史从8500年前就开启了。

又是谁最早发明了缫丝技术？

传说我国远古时期轩辕黄帝的元妃嫘祖发明了养蚕缫丝技术。

中国古代的"第五大发明"——养蚕缫丝术

我们的祖先最先利用野蚕丝，而后驯化野蚕，再到养蚕制丝。他们对人类最伟大的贡献是实现了从野桑蚕到家蚕的驯化过程，并发明了规模化养蚕缫丝。而印度也有很早利用野蚕丝的历史记载，但几千年后，它们还是野蚕，没有被驯化。

缫丝技艺是中国古代的发明创造。由原始的单茧抽丝到复杂的烘茧、煮茧、缫丝；从徒手到木车，手摇到脚踏，进而立缫、全自动缫丝。随着时代的变迁，缫丝技艺流程、器具制造等方面也在不断创新与发展。

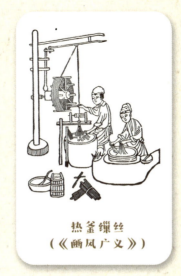

热釜缫丝
(《豳风广义》)

冷盆缫丝
(《农书》)

手摇缫丝车
(《豳风广义》)

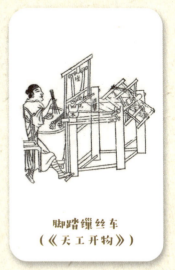

脚踏缫丝车
(《天工开物》)

南络车
（《农政全书》）

北络车
（《蚕桑萃编》）

　　目前我国普遍使用的缫丝机分为立缫机和自动缫丝机两大类。立缫机主要是手工操作，对蚕茧的纤度要求高，主要是定粒缫丝。而自动缫丝机的缫丝过程和原理与立缫机大体相同，只是索绪、理绪、添绪、拾落绪茧等操作均由机械完成。

脚踏缫丝车

手工缫丝展示

先来瞧瞧蚕、茧与丝的关系。

产约500粒卵

1.8㎡丝绸面料

饲养500头蚕

1头母蛾

+

产150g生丝

10kg桑叶

产1000g鲜茧

蚕、茧与丝的关系

一头熟蚕能吐出1000～1600米长的茧丝，做一条领带需要100多个蚕茧，而做一件女士上衣则需要600多个蚕茧。

大家一定很想自己动手体验煮茧拉丝的快乐吧，按以下步骤逐步完成操作，你就能将蚕茧成功地缫制成长长的蚕丝。

煮茧体验（苏州大学）

缫丝体验（苏州丝绸博物馆）

煮茧

材料和器材

干茧；电磁炉、锅、温度计、烧杯或瓷碗、计时器（手机）、纱布袋、竹筷。

煮茧前准备

（1）剥茧　剥去蚕茧外面蓬松的茧衣成光茧

（2）选茧　选取茧色洁白、厚薄均匀，无污染、斑点、疵点和穿头的好茧。

（3）装袋　光茧装入纱布袋，留空隙，线扎紧袋口

（4）煮茧水　准备一锅沸水和一盆60℃温水

煮茧操作步骤

（1）
渗透

① 高温渗透（100 ℃）
将茧袋快速投入沸水中，用筷子压住茧袋，使茧子全部没入水中，计时1分钟。

② 低温吸水（60 ℃）
将沸水中的茧袋提出水面，立即沉入60 ℃的水中，计时2～3分钟。

（2）
煮熟

① 煮熟（大沸，100 ℃）
将60 ℃水中的茧袋提出沥干水，快速沉入大沸的水中，计时1.5分钟。

② 煮熟（小沸，100 ℃）
调温至小沸，计时1.5分钟；停止加温，计时1.5分钟。

（3）
调整
保护

① 调整（85～90 ℃）
锅内稍加冷水，降温，计时1.5分钟。

② 出袋保护（55～60 ℃）
将茧袋取出，打开口袋，倒出茧子至55～60 ℃水中。

为防止瘪茧，可用定型的带盖小竹篓或带盖金属筐装茧，煮茧时篓或筐需沉入水中，使茧子全部浸没于水；袋装煮茧时不要压扁茧子，防止缫丝时断丝。

各温度段的时间按茧层厚度适当调整，茧子厚而硬的时间稍长，反之可短些。通常整个煮茧过程掌握在10～15分钟。

小朋友要在大人的陪护下进行煮茧操作，注意水电安全，防止烫伤。

缫丝（一粒缫）

学习一粒蚕茧的缫丝方法，测定一粒蚕茧的茧丝长、茧丝量等数据。

材料和器材

煮熟茧；检尺器、电子天平或天平秤、瓷碗或烧杯、索绪帚、温度计、热水、烘箱。

原始的手工缫丝是将蚕茧抽出蚕丝，制成生丝的过程，是将蚕茧浸在热盆汤中，用手抽丝，卷绕于丝筐上。锅、盆、筐就是原始的缫丝器具。

缫丝步骤

（1）理绪　刚煮好的熟茧丝缕混乱、多头或无头，需要抽理出一粒茧一根丝绪（正绪），茧子无丝头时可用毛帚轻轻摩擦，带出丝缕再行理绪。

理出正绪
一茧一丝

煮茧完成
丝缕混乱

（2）校正检尺器（小筞周长为1.125米），指针按钮跳起，圆盘指针另位（不能倒转）。

按钮
圆盘
摇柄
磁钩
小筞
圆盘指针

（3）煮熟茧放入汤温60℃左右的瓷碗中，双手蘸水，将正绪丝头穿过搪钩固定于检尺器的小筞上。

单茧缫丝（小筞转动中）

① 按压指针按钮后摇动检尺器，茧子在温汤里跳动，丝条从茧层抽出绕上丝框，由茧外层至内层进行缫丝。

② 当检尺器圆盘转动一圈（360度）时指针按钮自动跳起，即缫满100回丝。再次按压指针按钮，摇动检尺器缫丝，每缫100回重复操作一次。

（4）小心取下丝条，叠绕3环成4层小丝。缫得的小丝在110℃烘箱内干燥2小时称重（没有烘箱也可自然干燥），用电子天平称取一粒茧的茧丝干量，即一粒茧的丝量（克）。

取下的百回丝条

叠成小丝

缫完记录回数，回数乘以1.125即得一粒茧的丝长（米）。根据茧丝长和茧丝量可以算出茧丝纤度等指标。

（5）缫得的茧丝含有丝胶，为生丝。根据需要，可以多粒茧一起缫丝。

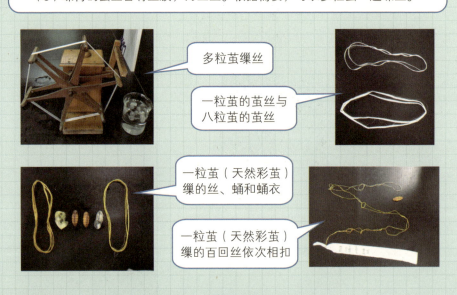

多粒茧缫丝

一粒茧的茧丝与八粒茧的茧丝

一粒茧（天然彩茧）缫的丝、蛹和蛹衣

一粒茧（天然彩茧）缫的百回丝依次相扣

注意事项

（1）检尺器摇取时起始位点为圆盘指针零位。

（2）摇动检尺器时眼光注视丝条，发现断丝，立即停转。

（3）检尺器可用其他绕线器材代替，量取绕线周长，换算成丝长即可。

本实验用检尺器替代品可在网上搜索"蚕茧抽丝机"，根据实际要求及个人喜好购买手摇款、电动款和电源等。

简易缫丝器械

鲜茧缫丝的简单工艺

材料和器材

鲜蚕茧，锅，筷，缫丝器或卷筒，卷尺，电子秤或天平秤

步骤

直接将鲜蚕茧投入 80~90℃左右温水浸泡，用筷子轻轻翻动蚕茧，使蚕茧感温均匀；理出正绪，用缫丝器或自制绕丝筒、饮料瓶等圆筒卷绕茧丝，缫至蚕茧透明、丝断为止。卷筒周长 × 圈数 = 茧丝长；茧丝卸下并干燥后称重即得茧丝量。

析

科技内涵

蚕丝纤维：结构组成与特性

非结晶区　结晶区

茧丝　　丝胶分层　　单丝　　原纤维　　微原纤维　纳米纤维

蚕丝多级结构模型图

蚕丝由两根呈三角形或半椭圆形的单丝平行黏合而成，单丝的直径为 13~18μm，相当于头发丝的 1/20。单丝的中间是丝素纤维，外围为丝胶。蚕丝纤维为蛋白质纤维，丝胶占 25% ~ 30%，丝素占 70%。

什么是真丝、熟丝和生丝？

手工将若干根茧丝胶合缫成的长丝称为真丝。经精练脱胶后的丝称为熟丝。而未精练脱胶的丝称为生丝。

熟蚕吐丝结茧是由茧外层逐渐向内层的，边吐丝边把自己包裹到里面。茧层内外丝条的纤度（粗细程

家蚕吐丝由外而内结茧的过程

度）是变化的，茧最外层的和茧最内层的丝纤度较细，中间的纤度较粗。缫丝时需要按一定配比将外、中、内层茧丝搭配并丝，才能缫制出粗细一致的高品位生丝。

煮茧原理

茧丝由丝胶和丝素构成，茧丝纤维的外围是丝胶，里面是由丝胶包裹着的丝素。丝胶具有胶黏性，能在热水中溶解，且温度越高，丝胶溶解度越大。煮茧是用水和热使茧丝外围的丝胶适当膨润和溶解，降低茧丝间的胶着力，缫丝时茧丝能够连续不断地依次离解。

缫丝技术中煮茧是关键，而煮茧最重要的就是要掌握水的温度和时间。如温度和浸煮时间不够，丝胶溶解差，丝的表面张力大，缫丝困难。反之温度过高，丝胶溶解过多，所缫的丝质量便差。

读者朋友们，煮茧是技术活儿，煮偏生了缫丝时总断丝头，煮过熟了丝条不能单根顺次离解，而是一串串离解开来，这样都不能正常缫丝或缫不出高品位生丝。

根据原理煮茧分成几个阶段：

（1）渗透

当蚕茧浸入沸腾的锅内时，蒸汽和茧腔内空气进行置换，茧层丝胶发生了高温渗透；再把茧移至60℃左右的温水中，因温度下降，茧腔内的100℃蒸汽和空气遇冷后急剧收缩，温水进入茧层。茧腔内外压差变化，茧层发生了高温置换和低温吸水的作用，达到茧层丝胶膨润的目的。

（2）煮熟

把已渗透过的茧子再次沉入沸水中蒸煮，茧腔内60℃的温汤受热膨胀向外吐水；100℃沸水水分子经过茧层进入茧腔，水分子的进出使茧层丝胶快速膨润、溶解，茧层被煮熟。

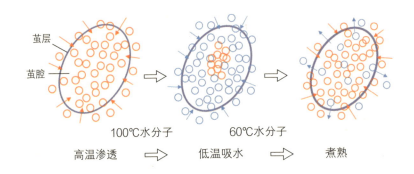

茧层
茧腔

100℃水分子   60℃水分子

高温渗透 ⇨ 低温吸水 ⇨ 煮熟

（3）调整

利用大量热水使茧层丝胶适度膨润溶解，调整茧的煮熟、吸水程度和茧的沉浮，稳定丝胶膨润软和的程度。

（4）保护

经蒸煮的茧在出茧以前，先在60℃的低温水中处理1～2分钟，使外层丝胶适当凝固，以保护茧层。

煮茧工艺设计

作用 工艺条件	渗透		煮熟			调整保护		合计
温度（℃）	100	60	100	100	98	85～90	55～60	
加温状态	大沸	温水	大沸	小沸	止沸	淋凉水	温水	
时间（分）	0.5～1	2～3	1～2	1.5～2	1.5～2	1.5～2	1.5	10～15

注：各温度段的时间按茧层厚度适当调整，茧子厚而硬的时间稍长，反之则短。

何为缫丝？

茧丝很细且粗细不均，单根茧丝容易拉断，长度有限，所以单根茧丝不能直接使用，必须由多根茧丝合并和连接起来，成为强力较高、粗细均匀的丝条——生丝，才能作为丝织物的原料。缫丝就是将煮熟的茧丝离解后理出正绪（一根丝头），利用丝胶的胶黏作用，根据生丝规格的要求，合并数根茧丝，制成生丝的生产过程。生丝规格主要是指生丝的粗细、品位（质量分级）、织造要求等。

缫丝工艺过程包括煮熟茧的索绪、理绪、添绪、集绪、捻鞘、卷绕、干燥。

蚕丝缫制原理

蚕丝主体是丝素，不溶于水；丝胶易溶于水。利用丝素与丝胶的水溶性差异，热水煮茧，溶解部分丝胶，理出正绪丝头进行缫丝。缫丝工艺流程如下图所示：将若干粒蚕茧的正绪通过接绪翼合并（丝胶黏合）成一根丝条；丝条穿过集绪器孔按①②③方向上行；绕过上鼓轮沿④下行；丝条绕过下鼓轮与丝条②加捻成丝鞘（似双股绞线），沿⑤⑥方向上行；丝条经过络交圈沿⑦上行，按⑧顺时针方向卷绕于小篾上。缫丝时需要不断添加新茧、接绪，方能制成长长的生丝。

手工缫丝的工艺条件主要包括缫丝汤温、索绪汤温、小篾车转速等。通常，缫丝汤温为60±5℃，索绪汤温90℃左右，小篾转速100±10转/分钟。

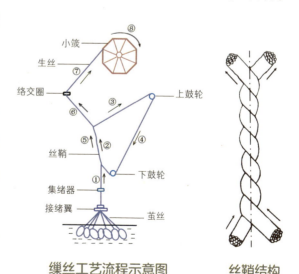

缫丝工艺流程示意图　　丝鞘结构

蚕丝是一种天然而神奇的动物蛋白，是人类最早利用的天然蛋白之一，在纺织、工业、军事、医药、装饰、化妆品等领域应用广泛。近年来，蚕丝蛋白被有效地应用于新功能材料的开发、生物医药技术等领域，这为蚕丝业的拓展带来了新的希望。

纺织领域的应用

蚕丝是蚕宝宝长大后由绢丝腺分泌的丝液，经口吐出体外凝固而成的连续长纤维，是自然界中集轻、柔、细为一体的天然纤维，素有"纤维皇后""人体第二肌肤"的美称。蚕丝的特性包括光泽度好，吸湿、防湿、保暖、耐热，以及有一定的韧性、可伸长、耐磨等。在纺织领域应用广泛。

蚕丝纤维在纺织领域的应用

A、C 服装；B 领带；D、G 围巾；E 床上用品；F 墙纸；H 窗帘；I 丝绵制品；J 刺绣画；K 绣品；L 地毯；M 绣包；N 饰品；O 内衣

产业领域的应用

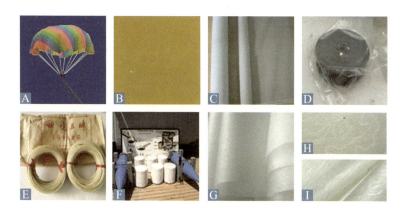

蚕丝纤维在产业领域的应用

A 真丝绸降落伞；B 绝缘黄蜡绸；C 蚕丝绢筛；D 蚕丝打印机色带；E 蚕丝民乐器丝弦；F 发射药筒和丝绸药包；G 蚕丝无纺布；H 蚕丝宣纸；I 蚕丝绵纸

生 物 医 学 材 料 、 组 织 工 程 等 应 用

蚕丝是一种天然而神奇的动物蛋白，蚕丝纤维为蛋白质纤维，丝胶占25% ~ 30%，丝素占70%。蚕丝蛋白包括丝胶蛋白和丝素蛋白。

蚕丝蛋白纯度高，具有良好的生物相容性（蚕丝材料能引起身体组织恰当的反应）和优良的理化性能，并且可以被生物降解。把蚕茧制备成丝胶溶液和丝素溶液，就可进行丝蛋白的一系列开发和应用。

蚕丝是纯天然蛋白纤维，由2根单丝组成，单丝中间为丝素纤维，外围包裹着丝胶。将蚕丝蛋白纤维制备成丝胶溶液和丝素溶液，必须通过特定的技术工艺才能完成。采用物理（高温、高压等）、化学（酸、碱等）和酶解等方法，可将蚕丝纤维外围的丝胶溶解（即脱胶）并制备成丝胶蛋白溶液，再经透析、脱盐等纯化处理，冷冻干燥或喷雾干燥加工，获得丝胶蛋白粉末。蚕丝脱胶后的丝素纤维采用无机盐溶解和透析纯化，经过一整套浓缩、再生制备工艺，即可获得高浓度、高分子量且性状稳定的丝素蛋白溶液。

　　丝胶蛋白具有抗菌、防紫外线、保湿抗皱、抗氧化、抑制黑色素生成等功能特性，在化妆品、护肤品、食品、生物医学以及生物技术等非纺织领域具有良好的应用前景。

蚕丝蛋白在化妆品、食品领域的应用

A 丝氨基酸；B 丝蛋白肽；C 丝胶面膜；D 丝素面膜

　　丝素蛋白溶液可制成各种丝素蛋白膜、水凝胶、多孔材料、微球等，已用于化妆品、护肤品、组织工程材料、药物载体、生物膜、人体器官及支架等。近年来，将丝素蛋白应用于人工皮肤、人工血管、人工骨、药物缓释载体以及酶固定材料的大量研究结果表明，丝素蛋白材料无毒性、无污染、无刺激作用、无免疫原性，具有可控的生物降解性，是一种应用前景广阔的生物材料。

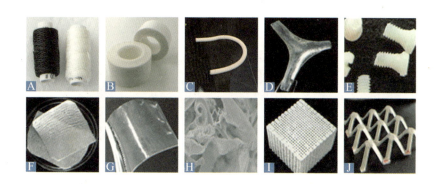

蚕丝及其再生丝素蛋白材料在组织工程材料领域的开发应用

A 丝手术缝合线；B 丝绸医用胶带；C 蚕丝人造血管；D 再生丝素管；E 丝"骨钉"；F 丝蛋白支架；G 丝素"人造皮肤"；H 丝纳米支架；I、J 蚕丝骨组织

柔性电子领域的开发应用

科学家最新研究表明，蚕丝生物膜可作为柔性基底、介电层和碳源，应用于生物电子、生物传感器、可穿戴脉搏传感器、摩擦电发电机、有机太阳能电池、有机发光二极管等电子器件的开发。在生物传感、生物医学材料、软组织相容材料、组织工程等领域，蚕丝及其复合结构，是一类极具潜力的天然生物材料。

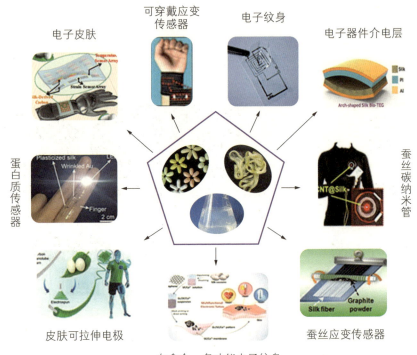

电子皮肤　可穿戴应变传感器　电子纹身　电子器件介电层

蛋白质传感器

蚕丝碳纳米管

皮肤可拉伸电极　自愈合、多功能电子纹身　蚕丝应变传感器

蚕丝及其复合材料柔性电子器件相关研究新成果

参考资料：《Acc. Chem. Res.》

近年来蚕丝新功能利用和开发的研究成果层出不穷，小朋友们可在快乐学习中领悟先人的智慧，感受科学的乐趣，发挥无限的想象力和创造力，为延续千年的丝绸文明添光增彩。

刺绣

神奇桑蚕丝之『用』

探

文化之源

你一定欣赏过色彩斑斓、图案秀丽的各种刺绣品，是否对一幅幅精美绝伦的刺绣作品惊叹不已？

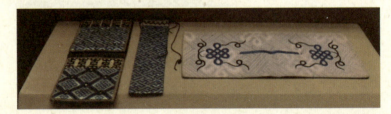

有没有为我国精湛的传统刺绣技艺而自豪激动呢？

那就让我们追根溯源，探寻古人刺绣文化的足迹吧！

"绣"：繁体字从糸从肃，肃亦声。"肃"本义为"千针万孔"。"糸"指丝线。"糸"与"肃"联合起来表示"用针带丝线，在布帛上千针万孔地穿引"。本义：千针万孔地在布帛上穿引丝线。

"绣"：文字书写解释，绣字左边为绞丝旁，表示与线有关，右边一个秀字表示美丽的意思，这个文字从字面上就能理解成由线制成美丽的东西。

"刺绣"：又名"针绣""扎花"，在古代被称为"黹"（zhǐ，用针做的活）。

用针将彩色的线缝在绸或布上构成图案、花纹或文字。

刺绣作为服饰的想法，主要来自先民的文身习俗。

不妨听听"女红"技艺故事：文身至绣服

传说，古吴国的仲雍不忍后人还要文身，便召集大家商议此事。恰好被正在缝衣名叫"女红（gōng）"的小孙女听到，她因认真揣摩，手被针扎破，鲜血染上了手中衣服。受此启发，小孙女尝试用五彩染丝将文身图案绣在衣服上，七天七夜终于完成一件五彩缤纷的绣服。仲雍大喜，遂吩咐按此制作服装，不必文身。仲雍废除"断发文身"习俗，开创了从文身到绣服的服饰变革。

后人为纪念小孙女，将此技艺称之为"女红"。

古代文身

刺绣

再来听听"绣万国于一锦"的传说

三国时代，吴王孙权曾命丞相赵达之妹手绣《列国图》，有"绣万国于一锦"之说。故事讲述这位夫人利用自己既能画又能绣的特长，用彩线将五岳、河海、城邑、行阵的图形缩小后刺绣成了一幅绣品，被时人称为"针绝"，开创了"画绣"的先河。

那么传统刺绣艺术在我国
有多长时间的历史呢？

中国传统刺绣艺术源远流长，具有四千多年历史。最早的记载为《尚书·虞书》中舜命大禹制作章服的故事。

而考古最早的刺绣实物则出现于殷商墓葬。河南安阳出土殷商时期的青铜器上，也确实出现了锁绣残迹，陕西宝鸡西周墓葬中陶片上，出现有明显的刺绣印痕。

刺绣印痕

乘云绣

战国秦汉:湖南马王堆出土的刺绣品信期绣、乘云绣等保存完好、文采灿烂，都证实了该时期为中国刺绣历史上第一个全盛期。

南北朝：铺绒绣新针法产生，代替了从西周、战国到两汉时期以来传世千余年的锁丝绣。

唐宋：刺绣艺术到达新的阶段。特点：规模极大；刺绣针法基本齐备（辫绣、平绣、打点绣、纭裥绣等）；除日常服饰刺绣外，大量用于宗教供奉和艺术鉴赏。唐代的刺绣菩萨和经文，宋代的花鸟绣品都是那个时代的特色品。

明清：刺绣更为普及，绣品逐

渐商品化。地方绣种都具有了独特的风格，形成了著名的四大名绣：苏绣、粤绣、湘绣、蜀绣。

四大名绣知多少

苏绣：以江苏苏州为生产中心的刺绣品种，位居中国"四大名绣"之首。苏绣以图案秀丽、色彩文雅、针法多变、绣工精细的吴地独特艺术风格，凝练为"精、细、雅、洁"的艺术特色。

苏绣作品

湘绣：以湖南长沙为生产中心的刺绣品种。多用施针，绣面的层次感强，色彩丰富，质朴生动。湘绣以猛兽图案最具特色。

蜀绣：以四川成都为生产中心的刺绣品种。多用成都产的各色软缎并用彩丝与红线绣制，针迹工整、设色明快、虚实相间，极富民族特色。绣品多作为被面、枕套、桌围、画屏等。

湘绣作品

蜀绣作品

粤绣：以广东广州为生产中心的刺绣品种，又称"广绣"。题材喜用百鸟、鸡、鹅等。纹样构图繁缛却不乱，使用七彩原色，绚丽多姿，光彩夺目，具有强烈的艺术效果。

粤绣作品

践

古人之行

想不想体验一下我国传统刺绣技艺的精妙绝伦？想不想拥有一幅自己的绣品，用绣针和彩线来美化生活？还在等什么呢，快来跟我们一起，按照下面的步骤，实现你的愿望吧！

1 刺绣图案临摹

材料与工具准备

图案原稿（打印稿或网购）、临摹纸板（网购）、铅笔、各色水彩笔等。

临摹过程

临摹绘图：在临摹纸板上，用铅笔按照样图绘制其中的仙鹤展翅神态素描图。

上色成型：在临摹纸板上，用各色水彩笔为素描仙鹤展翅神态着色，可以按照自己的想象为仙鹤打扮。

2 针法练习

材料与工具准备

绣绷：直径 16 ~ 20cm 的塑料或竹绣绷

绣布、绣线

刺绣剪刀、绣针、细号缝衣针

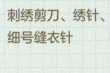

上绷

上绷是将绣花布平整地绷在绣花绷上，以防绣地皱褶而影响绣品效果。

首先，将调节螺丝调到稍松的状态；将绣绷内、外圆框分开。

然后，将无螺丝的内框平放在平整的桌面上；把绣布铺于内框上（绣布正面在上）。

最后，将带螺丝的外框套到内框外面，绣布则被压入两圆框中；拧紧螺丝；再调整绣布，使之绷紧即可。

注意：绣布面料应正面朝上；最后将面料要拉紧，丝缕拉顺直。

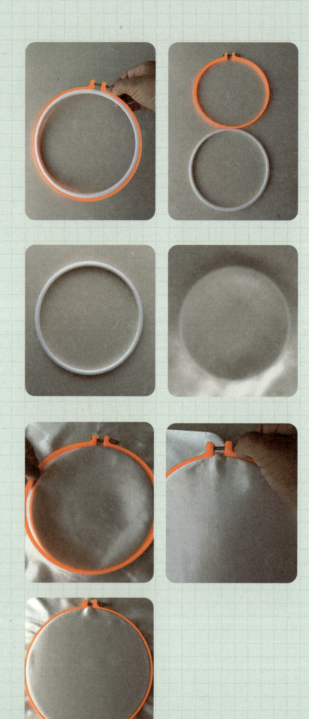

勾稿：即画图案

以"祥云"为主题勾勒线条，可参考他人给予的样图或绘制自己心目中的"祥云"，充分发挥其想象与创造力。

配线

根据题材内容或图案需求或自我想象，配以不同浓淡的绣线。

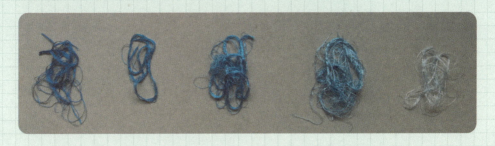

分线（劈丝）

绣制中对花线要进行劈丝处理，劈丝是指将一根丝线分成若干份。一根普通花线可以分成二分之一、四分之一、八分之一、十二分之一，二十四分之一，甚至六十四分之一。

将一根完整的绣线（称一丝，即 A）分（劈）成若干份之一，如"1/2"丝（半丝，即 B1、B2），"1/4"丝即 C1，C2 等等，可以越分越细。

A(一丝)

显示一丝线。

捻开A可以明显显示成B1（"1/2"丝，半丝)和B2（"1/2"丝，半丝)。

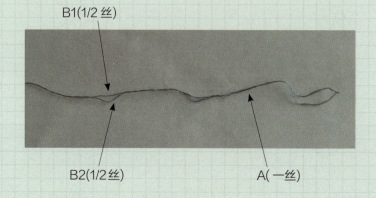

B1(1/2 丝)

B2(1/2 丝)

A(一丝)

将 A 劈开的 B1、B2 分开抽出，每一"1/2"丝即 B1、B2 又可捻开显示"1/4"丝即 C1、C2。

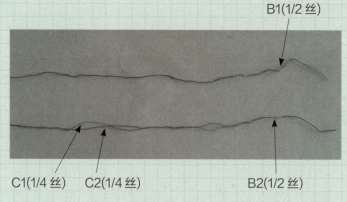

B1(1/2 丝)

C1(1/4 丝)   C2(1/4 丝)

B2(1/2 丝)

将 B2 劈开的 C1、C2 分开抽出，每一"1/4"丝即 C1、C2 又可捻开显示"1/8"丝……以此类推，可将一丝线劈成更细的丝线。

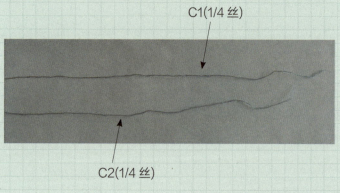

C1(1/4 丝)

C2(1/4 丝)

注意：劈丝时，双手涂抹润滑油，并且周围不要有木头或者毛线之类容易刮毛或粘吸绣线的物品，以免影响刺绣效果。

针法练习

以滚针法与回针法进行练习。

滚针法

滚针也叫曲针，具体步骤：
在图案一端开始，绣针由下向
上穿出 A 点，向前绣出第一针，
即 A 点—B 点。

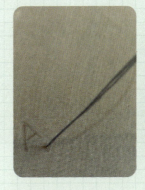

第二针回到第一针线形的外侧
一半处（C 点）起针，将针脚
藏在线下，向前绣出第二针，
即 C 点—D 点；第二针线的长
度 CD 与第一针 AB 保持等长。

第三针起针回到第二针线形的 1/2 处，即第一针针尾 B 点偏前一点位置，向前
绣出第三针，即 B 点—E 点；第三针线的长度 BE 与第二针 CD 保持等长。

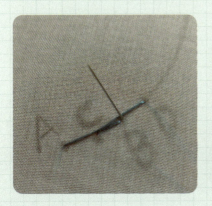

第四、第五针……以此类推，线条连成条纹，不断滚动前行绣出样品。

 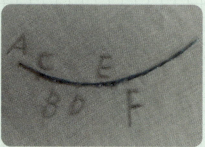

心中"祥云"滚针绣法的部分展示：

传统文化中的 STEAM
桑蚕坊

第一针绣出后，第二针回到第一针结束处，第三针再回到第二针结束处，是将相同长度的针脚无间隙地排列起来，重复"绣回一针"，故名。

具体步骤：
从图案的起点A点出针，在B点入针向前绣出第一针。

C点出针，使BC=AB，C点出针后回绣一针到B点入针，绣出第二针。

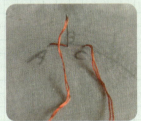

D点出针，使CD长度与BC相等，D点出针后回绣一针到C点入针，绣出第三针。

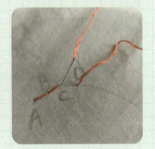

第四、第五针……以此类推，不断回绣出纹样。

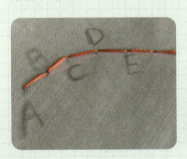

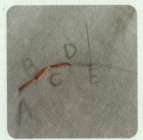

"祥云"回针绣法部分展示。

3 体验刺绣制作

在临摹刺绣图案，基本针法练习后，体验刺绣制作的完整过程。

材料与工具

各色绣线、绣针、刺绣剪刀；刺绣图案；绣框等。

制作体验

勾稿、绣制、成品。

你想过丝绣品为何具有"细、密、顺、光"的艺术特色吗?

其实,丝绣品具备这些艺术特点,与蚕丝绣线的结构、功能是密不可分的。

蚕丝是由位于中间的丝素纤维与外围的起黏合作用的丝胶两大部分组成。

丝素纤维约占蚕丝的70%,是由18种氨基酸组成的天然纤维状蛋白,即丝素蛋白质。丝胶约占蚕丝的30%,是一种由多种氨基酸构成的天然球状蛋白。

因此,由天然蛋白质纤维制成的绣线,就拥有了"光、滑、细、柔"的特征,绣品的光泽感、平滑感、立体感、精细感、顺畅感、蓬松感等就能发挥到位。

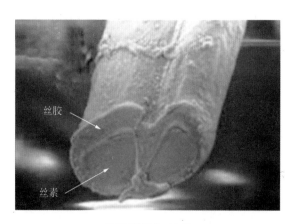

蚕丝的微细结构

"细":指绣线精细。绣线都是由极细的、微米级纤维蛋白蚕丝不断缠绕而成。这有利于绣制时可再劈成更细的丝线。一根普通花线可以分成1/2、1/4、1/8……1/64。丝线越细,绣品越精细。

"密"：指绣线排列细密，不露针迹。"密"的关键也正在于"细"，细而密，图案有立体感，光感度高。且粗、细丝的灵活运用能表现形象的质感。

"顺"：指"丝理"，又称"丝缕"，即线条排列的方向。天然蚕丝线具有绘画染料不能比拟的光泽感，"丝理"不同的排线方向最终会形成截然不同的光泽效果，才能淋漓尽致、灵活地表达物体的转折、凹凸、阴阳向背。

"光"：指刺绣时需突出绣面的光泽效果。在充分发挥刺绣"绘光"特长的同时，也要避免因过度丝线反光而带来的炫目感。

刺绣品为何能呈现五彩缤纷的色彩呢？

清代，草木染技术成熟，传统绣线颜色就有青、黄、红、黑、白等9类，又按深浅分成745色。这是由于蚕丝染色性能良好，可用直接染料、酸性染料、活性染料和多种媒染剂染色（碱性染料需加保护剂），染出千变万化的颜色，效果美观、鲜明、细腻。绣线具备了丰富色系，绣制时就能做到镶色自然、接色无痕。

丝绣服饰、饰品又如何保养呢？

温和洗涤：清水或弱碱洗涤剂常温下轻柔清洗，阴凉晾干，不暴晒。

蚕丝耐碱性差，强碱的稀溶液，常温下也能引起丝素蛋白水解。蚕丝对酸的抵抗力也弱，遇强酸时，丝纤维中止膨润而溶解。蚕丝对氧化剂（漂白粉、碘酒、高锰酸钾等）较敏感，氧化剂可使蚕丝泛黄。

　　避光保存：蚕丝纤维耐光性较差，所以尽量避免强太阳光长期直射丝绣品。因为，蚕丝蛋白中的多种氨基酸，吸收紫外线后，自身会发生化学变化，以致丝绣品变黄或褪色、脆化。同时，阳光暴晒还会使丝纤维强度下降。

　　防霉防虫：微生物、蛀虫可使蚕丝蛋白变色、变相，影响绣品品质。

　　防磨防拉：蚕丝纤维的摩擦强度、屈曲强度、伸长疲劳性能较差。因此穿着丝绣服饰更要精细呵护。

针法创新

滴滴针法：2008年，苏绣艺术家邹英姿，用灵活的排针方式使苏绣在绣布上成点状或线状针脚，以疏密变化的方式排列布局，即滴滴针法，取"母亲滴水之恩，涌泉相报"之意。2011年"滴滴绣"成功申请中国刺绣界首个创造发明专利。

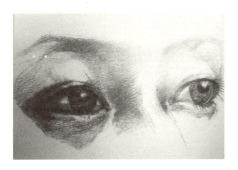

用滴滴针法创作的绣品

刺绣新材料

三叶异形丝：传统绣线横截面为椭圆形，无法表现线条有棱有角的质感、力度、闪亮、剔透的折射效果。

2001年，刺绣专家开发了截面为三角形的新绣线——"三叶异形丝"，并用乱针绣法完成了《金核子对撞科学图像》。由于"三叶异形丝"新材料具有较强的立体感，使整幅作品具有了强烈的反光和折光效果，

展现了色彩绚丽、呈放射状闪烁
的密集线条，逼真地再现了金核
子碰撞美妙瞬间的闪烁感和动感。

李政道评价绣品是"五彩缤
纷，耀眼夺目"，"从二维空间发展
到了三维空间"。该绣品并被评价
为"科学艺术的先行者"。

刺绣《金核子对撞科学图像》

夜 光 丝

2006年，江南大学的教授研制成功一种新型纺织纤维——
稀土铝酸盐夜光丝。用了这种夜光纤维，在无光环境中，《双
雀》作品中无论是两只雀鸟，还是背景都能自主发光，产品
的附加值得以提升。

绣品《双雀》常光及无光环境对比图

防护材料

将织物的纳米抗污技术引入刺绣中，通过对作品表面进行纳米材料的喷涂，使刺绣作品终于可以不再依赖于玻璃来进行防尘、防污、防水和防霉变。

苏绣《尔若盛开》

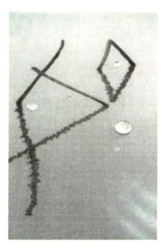

水滴在纳米处理后的绣品表面

实用刺绣

一批契合当代生活、由传统刺绣工艺与实用产品跨界合作的绣品出现在我们的面前，如：戒指、手镯、耳环、礼盒包装、耳机、手表。

另外，刺绣也应用于软装设计，如：卧房中的刺绣装饰、刺绣背景墙。

随着蚕桑、生物、材料、艺术等领域科学及技术的快速发展，人们渴望更多刺绣材料、题材、技术被创造出来，我们相信刺绣更多潜在应用价值也将被挖掘出来。

让我们一起去探索刺绣广阔天地更多的奥秘吧！